蓝鹦鹉格鲁比科普故事

水的故事

〔瑞士〕丹尼尔·穆勒 绘 〔瑞士〕休伯特·巴赫勒 著

李嘉琳 译

中国水利水电出版社
www.waterpub.com.cn
·北京·

内 容 提 要

本书是《蓝鹦鹉格鲁比科普故事》中的一本，是一本探索水资源的少儿科普读物。通过蓝鹦鹉格鲁比对水资源的探索，解答了很多关于水的问题，例如：没有水，会发生什么呢？人类如何利用水？水是如何进入千家万户的？又是如何被消耗、排出及净化的？此外，格鲁比还去自来水厂、污水处理厂和水电站等地进行了实地考察。最后还阐述了水循环以及水、天气和气候之间的关系。总之，这本图文并茂的书以生动有趣的方式展现了水对我们星球的价值，使青少年在轻松的故事中学到科普知识，让小读者更深刻地认识到水的重要性，更懂得节约用水。

图书在版编目（CIP）数据

水的故事 / （瑞士）休伯特·巴赫勒著 ；（瑞士）丹尼尔·穆勒绘 ；李嘉琳译. -- 北京 ：中国水利水电出版社，2022.3
（蓝鹦鹉格鲁比科普故事）
ISBN 978-7-5226-0538-8

Ⅰ. ①水… Ⅱ. ①休… ②丹… ③李… Ⅲ. ①水－少儿读物 Ⅳ. ①P33-49

中国版本图书馆CIP数据核字(2022)第042176号

Geschichten vom Wasser
Illustrator: Daniel Müller /Author: Hubert Bächler

Globi Verlag, Imprint Orell Füssli Verlag,
www.globi.ch

北京市版权局著作权合同登记号：图字 01-2021-7208

书　　名	蓝鹦鹉格鲁比科普故事——水的故事 LAN YINGWU GELUBI KEPU GUSHI —SHUI DE GUSHI
作　　者	〔瑞士〕休伯特·巴赫勒　著　　李嘉琳　译
绘　　者	〔瑞士〕丹尼尔·穆勒　绘
出版发行	中国水利水电出版社 （北京市海淀区玉渊潭南路1号D座　100038） 网址：www.waterpub.com.cn E-mail：sales@waterpub.com.cn 电话：（010）68367658（营销中心）
经　　售	北京科水图书销售中心（零售） 电话：（010）88383994、63202643、68545874 全国各地新华书店和相关出版物销售网点
排　　版	北京水利万物传媒有限公司
印　　刷	天津图文方嘉印刷有限公司
规　　格	180mm×260mm　16开本　6印张　95千字
版　　次	2022年3月第1版　2022年3月第1次印刷
定　　价	58.00元

凡购买我社图书，如有缺页、倒页、脱页的，本社发行部负责调换

前言

没有水，就没有我们所知的地球上的生命。自地球诞生以来，水就覆盖着我们星球上的大部分地区。海洋、极地和冰川是巨大的“水库”，绝大多数的水都被储存在其中。然而，有一部分水则循环往复地以雨或雪的形式落到地上，通过小溪、河流和湖泊流入大海，并在那里再次蒸发。因此，谨慎使用水资源不仅对现今的自然环境很重要，对我们后代的可持续发展也是至关重要的一环。

为了探索水资源，格鲁比从莱茵河源头走到莱茵河口，进行了一系列的探索活动。在这段旅程中，格鲁比了解到植物和动物的不同栖息地，还体验了钓鱼和租船。他还深入自来水厂、污水处理厂和水力发电站，去了解水资源的开发、利用，以及人们是如何净化水，最终使其再次变干净的。在发电站，他学习到了水是如何变出电的。

此外，格鲁比带我们探索了水与天气和气候之间的关系，读者都能在其中找到许多与合理利用稀有资源的知识和建议相关的趣味故事。

为了让孩子们从小就能了解到关于水的重要知识，格鲁比着手为儿童收集了许多有趣味性的知识。他在探索过程中所学到的东西都收录在这本书中，供七岁以上的儿童和感兴趣的成年人阅读。

我们希望你能乐在其中。

目录

没有水，会怎样?

格鲁比长途旅行后回到家，期待着一杯冰凉的水和一个轻松的泡泡浴。然而家里发生了什么呢?

他打开厨房里的水龙头，水龙头只流出几滴水，然后就停了。

浴室也一样，没有水，格鲁比就没法洗澡，连上厕所都麻烦了，因为他不能冲洗抽水马桶。

为什么会停水呢？究竟发生了什么？

格鲁比非常恼火。恼怒的他跑到了水利局去投诉。

请注意！
从×月×日
至×月×日
期间停水
汉斯·茨魏奥先生

关于水的重要一课

在水利局，格鲁比可算是被上了一课。水利局的职工汉斯向他解释说："由于管道翻新，现在停水了！你没看到邮箱里的通知吗？我们已经通过邮件给居民们发了通知。明天早晨我们才会供给新鲜的饮用水。""什么？要到明天早上才行？"格鲁比咕哝道。"是这样的。你要知道，供水系统必须定期检查和维修。这样的话，就可能会出现停水的情况。总而言之，水并不是永远能正常供给的，这并不是理所当然的事。"

汉斯还告诉格鲁比，水越来越受到重视，在一些地方，水已经成为一种稀缺资源。汉斯指着挂在墙上的一张世界地图，向格鲁比展示了世界上有哪些地区是极度缺水的。他说："甚至在中欧地区，我们也要开始谨慎且节约地使用水资源了。"

这一切引起了格鲁比强烈的好奇。事不宜迟，他决定马上行动，先去探索水循环的工作原理。谁知道呢，也许他会找到一些保护水资源的好主意。

探索水源头

第二天一早格鲁比就出发了。在乘坐了几个小时的火车和邮政巴士后，他到达了目的地——位于瑞士格劳宾登州的托马湖。

格鲁比选择了欧洲最长的河流之一——莱茵河——作为他考察的对象。托马湖则是莱茵河的源头，莱茵河由此处起源，经列支敦士登、奥地利、德国、法国、荷兰等地，最终汇入北海的入海口，总长 1320 多千米。

“啊哈！看来这里就是莱茵河的发源地。”格鲁比虔诚地说。“可以这么说。”保罗笑着说道。保罗是个徒步旅行者，在这个美丽的早晨他已经在路上了。“实际上，许多泉水和小溪都会流入托马湖。它们都供给莱茵河最大最长的河——前莱茵河。”

就这样，格鲁比从这里开始了他的水资源探索之旅。他先来到了前莱茵河与后莱茵河交汇的塔明斯。尽管此处的景观有些荒芜，但在河道内及沿河仍生长着许多不同的植物，并有许多动物在这里定居。

山间小溪边的动物和植物

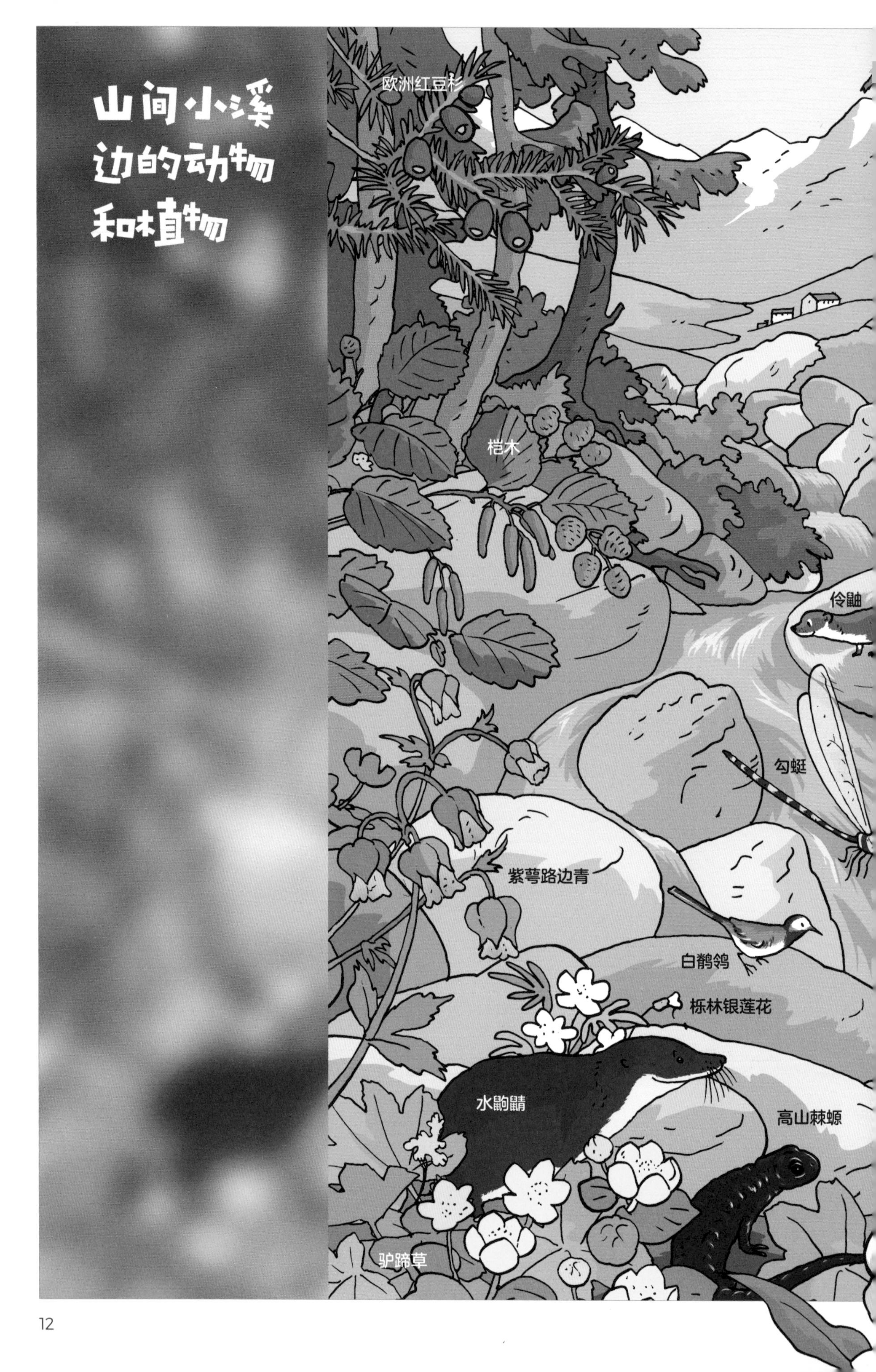

黄雀
欧洲接骨木
松貂
花楸
旋果蚊子草
白喉河乌
缬草
鮈杜父鱼
河鳟

飞钓

格鲁比独自沿着河岸远足，但他并不孤单。很快，他遇到了一个钓鱼的人，那人站在溪流中间，正在用钓竿将鱼线甩出弧形，抛到水面上。

钓鱼者叫安德林，他正在用飞钓的方式钓鱼。这是用鱼线钓鱼的一种特殊钓鱼法，安德林向格鲁比解释道：“普通垂钓者会以蠕虫作为诱饵来钓鱼，他们把蠕虫挂在钩子上并试着吸引鱼咬钩。而飞钓时，我们会自己制作诱饵。我们用羽毛、绳索等东西绑成一个假的昆虫，比如蜉蝣。这诱饵很轻，只能靠钓线的重量将它抛到水面上。这就是我们得把鱼竿甩出去的原因，投掷钓竿可没那么容易。但是我们可以试试运气！”

莱茵河三角洲

格鲁比从塔明斯徒步穿越莱茵河谷到萨甘斯，最后到达莱茵河三角洲，水由此流入博登湖。莱茵河自前莱茵河和后莱茵河汇合处起，至注入博登湖止，总长 102 千米的这一段被称为阿尔卑斯莱茵河。像横跨欧洲的许多河流一样，在过去的 200 年间，它被人为地进行了很大的改造。河道变得平直且狭窄，河流两岸都修筑了防洪大坝，或者被引入运河。人们想通过这些改造防止洪水泛滥。但这些变化对许多植物和动物造成了毁灭性的后果。众多物种也因失去了栖息地而灭绝。

在很长一段时间里，对莱茵河的河道的改造使人们免受洪水侵袭，并能够耕种更多的土地。然而在狭窄的河床上，河水却越来越深地向地球内部渗入。这也导致地下水位急剧下降，平原慢慢干涸，饮用水供应变得更加困难。

除此之外，在强降雨时期，狭窄的河床和运河变得更窄小，水灾也会卷土重来。

以前的莱茵河三角洲

三角洲

三角洲出现在河口处，即河流与湖泊或海洋的交汇处。在平坦的地区，河流更加缓慢地流淌，它从山上挟带来的碎石砂砾则会逐渐沉积下来，形成沉积物。这意味着流动的水必须找到新的路径，这样就形成了典型的带有两条支流的扇形三角洲。最著名的三角洲是位于埃及的尼罗河三角洲。这个名字来源于它的形状，它看起来和希腊字母中的德尔塔“Δ”（希腊字母表的第 4 个大写字母）非常相似。但就像现在的莱茵河三角洲一样，尼罗河三角洲也被很大程度地干预并改造了。

回到洪泛区

为此，近年来，在莱茵河支流沿线的各个地方，人们都在努力改造河岸。沿着这些河流的加宽范围可以形成一条漫滩河流，有主要和次要分支以及大型、部分杂草丛生的砾石河岸。许多动植物再次在这里找到新的栖息地。因此，搬迁大坝和其他护岸措施并不是多余的，如果新河中的水涨上来，“旧”河会更好地排水，从而降低洪水泛滥的风险。阿尔卑斯莱茵河本身也计划进行此类河岸改进。

在多马特河与埃姆斯河交界的马斯特里尔斯河谷，格鲁比也体验到了这样的湿地景观。河流在这里得以保留其原始形状，并为多种植物和动物提供了理想的栖息地。

格鲁比还可以在博登湖三角洲观察到一些动物和植物。尽管三角洲及不同河道都被很大程度地改造过，这里仍然是许多物种的安家之处，还有来自欧洲各地的众多水鸟在此越冬。整片区域也因此被设立为自然保护区，这是欧洲同类别保护区里最大的一个。

河谷森林中的动物和植物

桤木
欧洲白蜡树
夜莺
地啄木
黄花柳
欧洲树蛙
苍鹭
白柳
欧洲雪貂
海狸
睡鼠
水游蛇

水中的乐趣

格鲁比一到罗尔沙赫，就马上跑去了港口。他在这里寻找一个能带他一起去博登湖的渔民。格鲁比找到了正在挂渔网晾晒的西蒙。西蒙挥了挥手说道："你明天早晨来吧，格鲁比！我今天在外面已经待到四点钟了，今天的工作差不多要结束了。不过，你要是能起早的话，明天你就可以和我一起出去。""好的，那我们明天见！"格鲁比说。之后他去了湖滨浴场，在那里度过了一个舒适的下午。

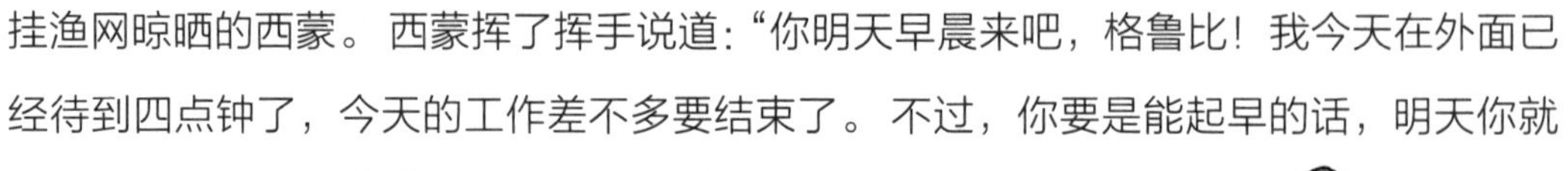

水不仅对人类、动物和植物来说至关重要，而且可以让人们在凉爽的环境中尽情玩乐。在夏天，随着白天越来越长，气温越来越高，人们去河流和湖泊的浴场里游泳的频率也越来越高。游泳的确很欢乐，而且有益健康。但是进入深水区前，必须要好好学习游泳。

还有许多其他水上运动可供选择。比如人们一年四季都可以划船或航行，在凉爽的季节也可以在室内游泳池游泳或打水球。

格鲁比开心地看着湖里热闹的人群，自己也转身在水中游了几圈。因为第二天一大早就要出发，他回去后很快就上床睡觉了，无论如何他都不想睡过头。

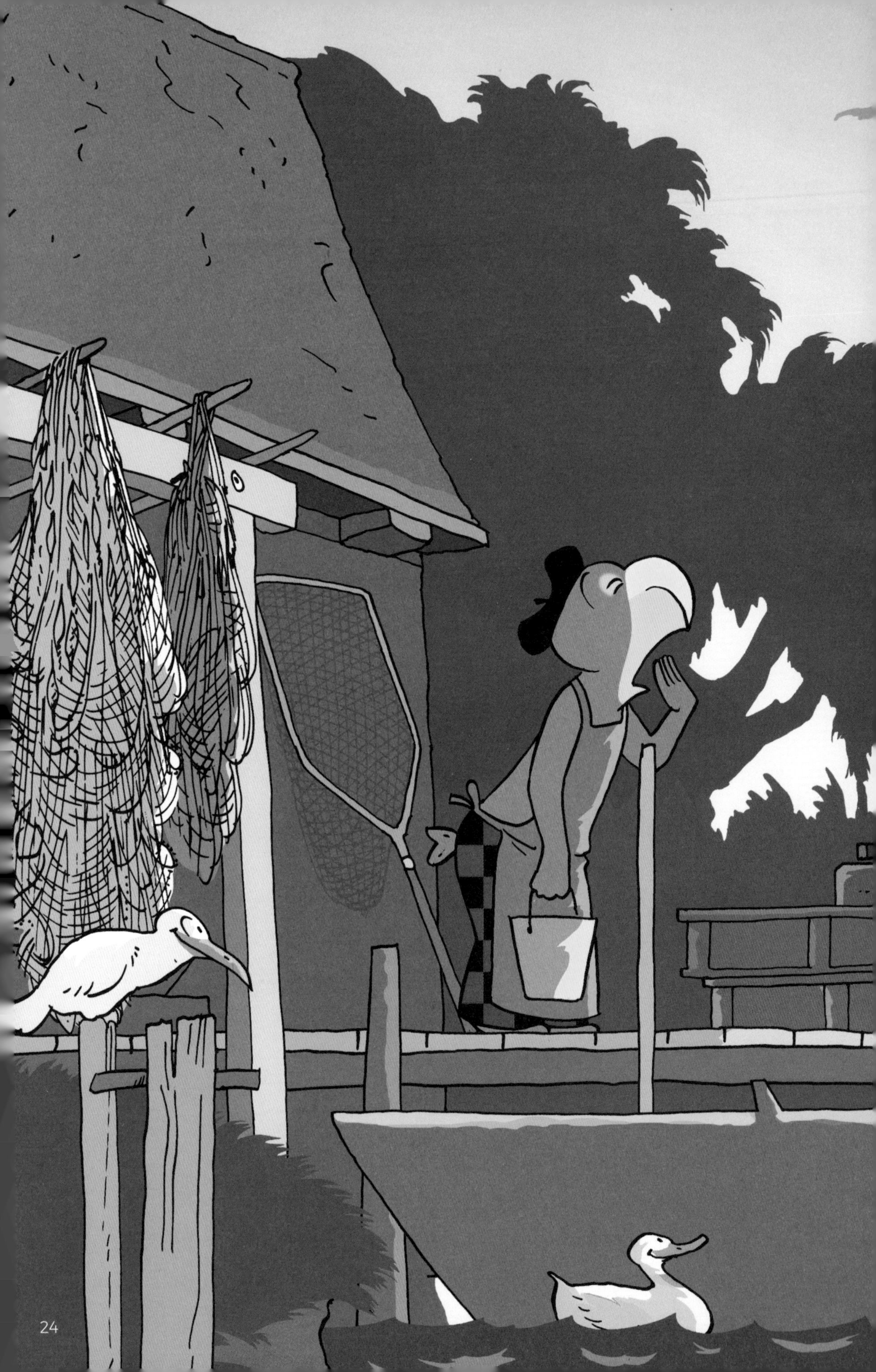

乘船捕鱼

第二天天还没亮，格鲁比就到了港口。“早上好呀，格鲁比。”西蒙向他问候道。只是格鲁比还睡眼惺忪，没有精神聊天。“这会儿更像是半夜。”他喃喃自语着。西蒙笑道：“等我们到了湖边，你就会来精神了！来吧，我们收拾一下捕鱼所需要的东西。”“没错，渔网！”“不用，我昨晚已经布置好渔网了。我们需要装鱼和冰块的盒子，用来保持鱼的新鲜度。”

在码头，西蒙把一个黄色的大球粘在了船的一根杆子上。“这个信号表示我们正在捕鱼。这样其他的船看到后就知道要和我们保持距离了。”他们俩乘船很快到达了第一个渔网处。渔网上一直带着浮标，便于渔民找到它。

西蒙借助最外层的浮标把第一张网拉进船里，挂在杆子上。然后他把鱼从网里放了出来。他抓起一条鱼在船的边缘猛地一击，杀死了鱼，再把它们放进冰盒里。“一开始，杀鱼当然让所有的渔民都感到烦恼，但没办法，这也是捕鱼的一部分。”西蒙向格鲁比解释说。他也必须习惯这些。

“网眼的大小是经过计算的，这样只有那些已经繁殖过的成年大鱼才会留在网中，而未成年的小鱼则会从网眼里漏出去。”西蒙说着，又借助另一个浮标捞起网，挂起来，并把鱼拿了出来，重复着之前的动作，就这样一直到把整张 9 米长的网拉到船上。然后他们继续向第二张网行进。

“尽管大家已经对这片湖泊非常熟悉，但还是要给渔网做好标记。尤其是当渔网在水中放置得不够深时，它们有时就会被水流冲得很远。但今天看起来还不错，你看，下一张网已经在眼前了。”一天下来，格鲁比和西蒙收获颇丰，总共有三箱白鱼，西蒙和格鲁比甚至还从水里捞出了一条漂亮的梭子鱼。

以捕鱼为业

在瑞士大约有 200 名职业渔民，他们主要在较大的湖泊上工作。小一点的湖泊和其他水域已经没有足够多的鱼了。这些渔民大多使用浮网或地笼捕鱼。能否捕获到不同种类的鱼取决于网眼有多大以及水有多深。最受欢迎的食用鱼是白鱼和鲈鱼，其次是梭子鱼、红点鲑和湖鳟。白鱼被人们称为不同鲤形目的鲤鱼，它们数量众多，但却不受渔民青睐。因为这些鲤鱼的鱼刺很多，人们不太喜欢吃。不过，你要是尝试过下一页的食谱，就会发现这些鱼也很美味。

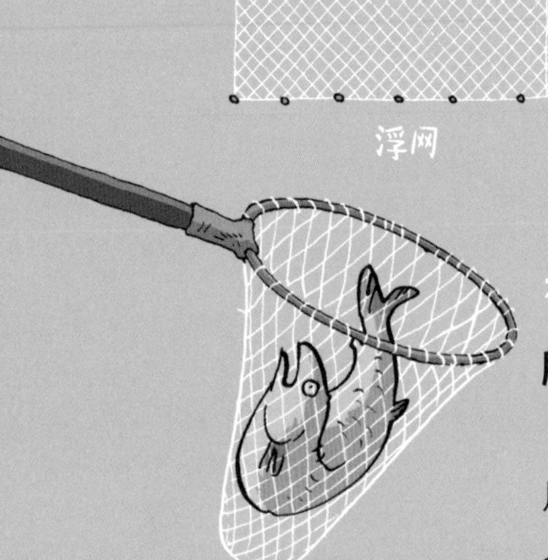

格鲁比的“鱼塔勒”①

所需原料:

600 克鲤鱼（剔除鱼肚子里的鱼刺）或者 600 克鱼片（例如鲈鱼或白鱼）；100 克干的白面包，不带皮；2 个鸡蛋；50 克蔬菜（例如辣椒、茴香或胡萝卜）；1 个小洋葱；半束香草（例如欧芹）；油或烹饪黄油；盐、胡椒粉。

准备工作:

用绞肉机或搅拌机把鱼肉绞成肉酱，在处理过程中鱼骨就会被搅碎；将洋葱和蔬菜切碎；面包切成小块；两个鸡蛋搅匀备用。

烹调过程:

在锅中加入少许油或烹饪黄油，稍微加热后，放入洋葱和蔬菜。然后放入面包。关火，加入搅匀的鸡蛋和香草。之后将绞好的鱼肉拌进去并充分搅拌均匀。撒上盐和胡椒粉，做成手掌大小的小圆饼。再在煎锅中放入黄油或油，中火煎烤鱼饼至两面金黄。

鱼塔勒做好了，祝你用餐愉快！

小贴士：如果不想肉糜混合物粘在一起，可以再加一个鸡蛋。如果混合物太稀的话，可以掺入一点面包屑。

① 塔勒：18 世纪还通用的德国银币，此处指银币形状的饼。

水域保护

20 世纪之前，瑞士湖泊中的植物和鱼类都还十分多样化。但是，来自家庭、农业和工业废水的水污染改变了水质，特别是磷酸盐使水质失去了平衡。磷酸钾使植物能够迅速大量繁殖。在某种程度上也消除了水中最小的生物——浮游生物，这意味着许多鱼类的主要食物没有了。但与之相反，其他以植物为食的物种迎来了真正的丰裕之年。此外，自 20 世纪初以来，湖岸和河岸也被改得越来越直，沼泽地、湿地景观和草场被改造成农田。众多鱼类也因此失去了理想的产卵地，以至于到 20 世纪 70 年代，许多鱼类濒临灭绝甚至已经灭绝了。

现在人们针对水域做了很多保护工作，湖泊和河流又变得干净多了。磷酸盐的使用量减少，而且农业废水不再排放到水域。各地也计划着恢复河流和湖泊的湿地景观。

为下一代助推

为了支持鱼类持续繁衍，许多地方很早就建立了养鱼场。鱼卵在这里被培育出鱼苗。当它们孵化并长大一点后，就被放入湖泊中继续生长。除了原本的捕鱼，维护鱼类种群和湖泊也成为渔民工作的重要部分。

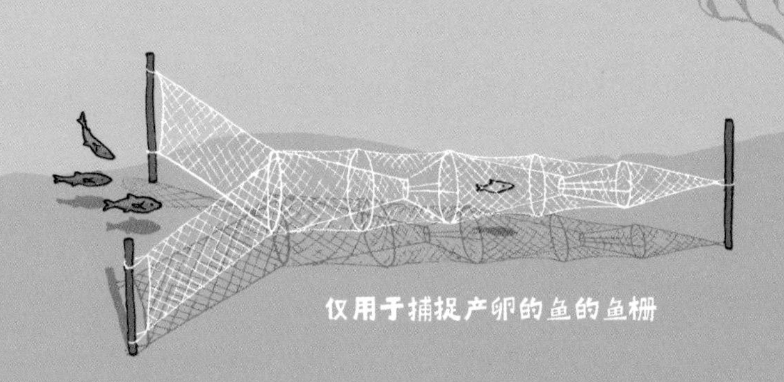

仅用于捕捉产卵的鱼的鱼栅

鸬鹚
疣鼻天鹅
莱茵河上的鱼类和水鸟
沃特曼氏白鲑
梭子鱼
湖鳟
茴鱼
江鳕

白冠鸡
凤头䴙䴘
河鲈
红眼鱼
湖拟鲤
鳗鲡
鲇鱼

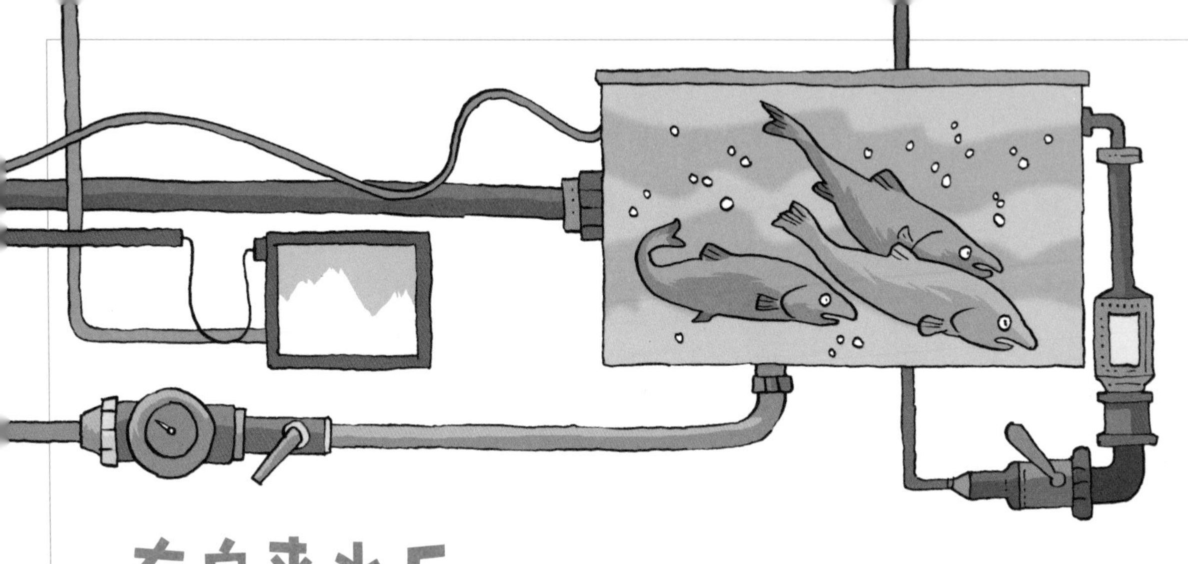

在自来水厂

格鲁比和学校的同学们一道来参观自来水厂。这里为家庭和工厂准备好饮用水并分配进管道。他们还能获得导游讲解——这是个了解水是如何进入水龙头的好机会!

“嗨，孩子们，欢迎来到自来水厂！”化学家埃尔维拉向她的观众们打了个招呼，“今天我想给大家说一说我们是如何将原水处理成饮用水，然后进行分配的。不过，我想先问一个问题：大家知道自己每天都要用掉多少水吗？”“5 升？或者 10 升？”一些学生说道。然而埃尔维拉摆摆手说：“不，不，比这还要更多一些。”这时学生们的估量更高了，但当埃尔维拉告诉孩子们，每个人每天大约消耗 160 升水时，他们都惊呆了。

“那有没有人知道我们是从哪里得到这些水的呢？”格鲁比有一个想法：“是从湖里来的！”“没错，我们使用的 70% 的水都是从湖泊中抽出来的。另外再加上地下水和泉水。”水的来源因自来水厂的位置而异，可以是河水或湖水，也可以取自地下水或泉水。

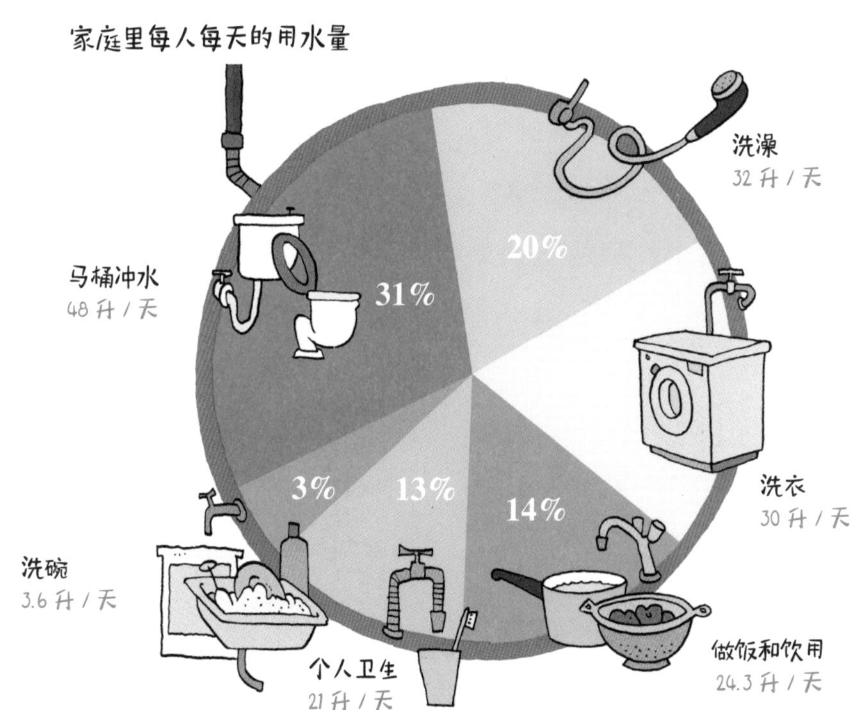

潜在的水

常常被遗忘的是：我们不仅仅在家庭中使用水龙头流出的水。农业、服装及其他物品的制造也需要用水，还有多得超乎我们想象的用水：以生产一杯咖啡为例，需要消耗 140 升水！

在离岸边几百米的地方，从 30 米的深度抽取湖水，然后输入湖水处理厂。在这种深度的水的温度一年四季都保持在 4 至 8 摄氏度之间，它的质量很好，而且几乎不受污染。

为了把这些湖水转化为饮用水供应给家庭，自来水厂必须对它们进行仔细处理。这要通过不同阶段的处理才能实现。需要先将臭氧添加到水中。臭氧是一种有毒气体，但它却对水处理有好处，它可以杀死水中的细菌和病菌，并迅速地再次溶解。

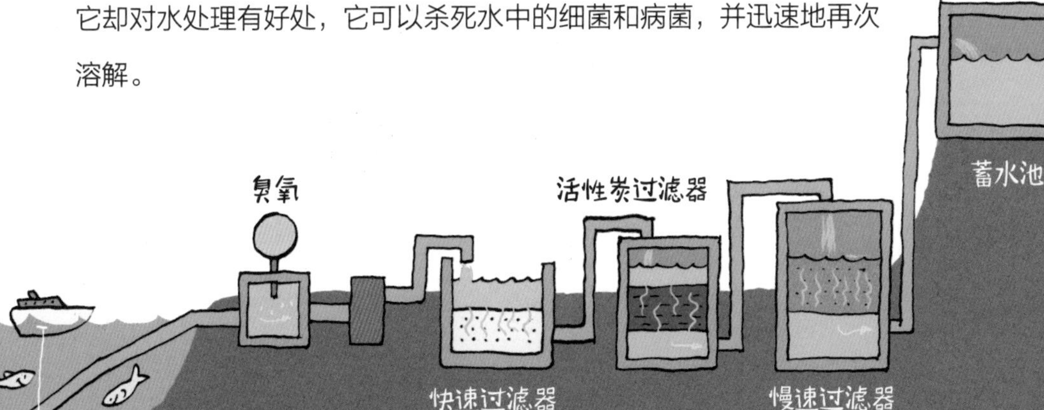

在快速过滤器中，浮游生物和小石子从水中被过滤出来。快速过滤器是以大自然为模型建造的：水从不同的沙层中渗出。在二次臭氧处理后，水又通过了另外两个过滤器。现在它变得清澈干净，可以被泵入水库了。

顾名思义，地下水是地下蓄积的水。它是雨后渗入地下的水，或是河流渗入土壤的水。当然，它从未完全消失，而是像海绵一样蓄积在地下，或者在岩石的表层形成地下湖。地下水是由巨大的水泵从大约 25 米深的地下抽上来的。

地下水非常干净，因为它渗透过不同的岩石层，以完全自然的方式进行过良好的过滤。因此，它可以通过泵站直接被注入水库。早在中世纪，从所谓的水井中获取的地

下水就作为饮用水供应人们使用。

泉水也是由雨水提供的。它们出现在水无法渗透的土层，例如黏土层。可以将这些水吸入管道，并收集在水井中。在那里，它们通过大管道被输送到下一个水库。

储存水的水库都是相互连接的，由一个地方控制。水从水库出来后，被分配到不同的管道，再通入千家万户。

小小水卫士：水蚤

我们洗澡、做饭、洗衣服、喝水等用的都是饮用水。当然，这些都需要使用干净的水才可以。因此，不断监测水的质量就显得尤其重要。为此，人们采用多种测量系统来检测水中的杂质。水蚤是非常重要的帮手，在部分自来水厂，鳟鱼也是帮手。水蚤是只有在绝对干净的水中才会出现的一种节肢动物。如果水蚤对泵站的水反应强烈，甚至死亡，实验室里的员工马上就能发现这里的水有问题。他们会立即停止供应这些水，并寻找污染的原因，以便可以立即进行补救。

节约用水！

为了确保每个人在家里和工作中都能有干净的饮用水，我们需要付出很多努力。格鲁比和孩子们对此都印象深刻，因此，他们希望日后也能做到埃尔维拉关于节约使用这一宝贵资源的一些提示。

各种各样的船

“你们的贡多拉[1]真有趣！”格鲁比对一群在岸上准备乘船的孩子们喊道。“不是的！只有在威尼斯或者缆车上才有贡多拉，这是‘威德林船’，一种传统的平底木船！”爱好划船的人向格鲁比解释道。

“跟我们一起去吧，我们可以告诉你怎样划这种船。”格鲁比一听，也不多问，很快就和他们一起上了船，然后看他们演示怎样用桨和带金属尖的撑竿逆流而上。当格鲁比亲自尝试时，他很快就开始冒汗了。“这样划船可真是相当累人呀！”他嘀咕着。“你说得没错。但你知道吗，如果我们几人轮流划船，划出几百米就换人，很快就可以划过相当长的一段距离。然后我们就能顺着水流舒舒服服地漂流回家了。”

巴西的独木舟

① 贡多拉：指带有鸟头形船首和船尾的威尼斯尖舟。

格陵兰岛的皮划艇

威尼斯的贡多拉游船

加拿大的木排

美国的皮筏

堤坝是做什么用的?

“我想象中的莱茵河瀑布可不是这样的！”在沙夫豪森，当格鲁比看到莱茵河瀑布的水流平静而均匀地落到下面的堤坝上时，他感到有些失望。但在这里种植葡萄的酿酒师海纳安慰格鲁比说：“莱茵河瀑布看起来当然是不一样的，但你要再往下走几千米才能见识到它的壮观！你现在看到的是发电站的堤坝。这个发电站是为整个地区供电的。”

“啊哈！”格鲁比松了一口气，“我马上就去那里。也许有人能有空儿向我解释一下发电站的情况。”果不其然，发电站的一名技术员很乐意向他展示电力是如何产生的。

“你在外面看到的是我们工厂非常重要的部分之一——堤坝，它是用来拦截水的。”

水被堤坝拦截，并被引入上游渠道。在这里，它流经发电厂的涡轮机，快速流动的水流使这些涡轮机像螺旋桨或水轮一样快速转动。在发电机中，有一些大的电磁线圈，它们将这种旋转运动转化为电流。这与自行车发电机的工作方式类似，通过旋转让小灯运行。为了使涡轮机有效地转动，水不会四处飞溅是很重要的，所以水被阻挡在堤坝中，通过坡度落差进入涡轮机。

堤坝不是一面固定的墙，可以通过不同的方式来调整。比如可以根据季节和天气的不同，以及残留水量的多少来决定。残留水指的是没有经过运河引导的水。当然，原来的河床也不是干涸的，这样植物和动物才能继续在这里生活。

鱼梯

然而，发电厂的堤坝对于鱼类来说是个问题，因为它们会上下洄游。即使对于跳跃能力很好的鳟鱼来说，这样的堤坝也实在是太高了。出于这个原因，自几年前起人们就一直在建造鱼梯，并将水域改道，以便小溪中的鱼可以一步一步地克服坡度。另外，堤坝也是船舶的障碍。为此，人们建造了船闸或驳船坡道。

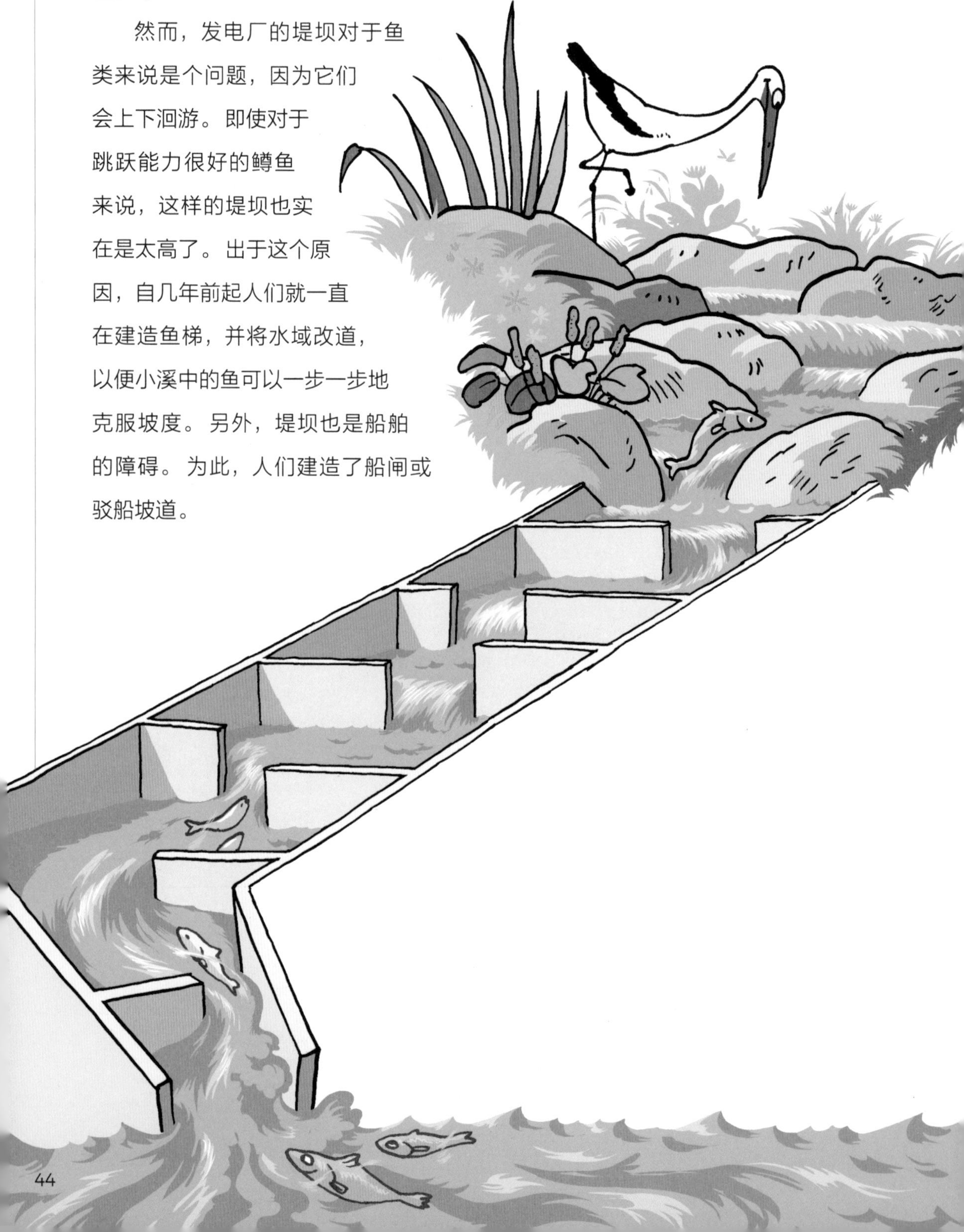

其他类型的水力发电站

除了格鲁比参观的河流水力发电站外，还有其他类型的发电站。山上有蓄能电站，在这里，巨大的坝墙挡住了水，使整个山谷都变成了一个湖泊。被阻拦的水沿着巨大的坡度被引导至涡轮机处。由于水流从山谷急速落下时会产生巨大的动力，因此只需要很少的水就能驱动涡轮机。抽水蓄能电站的工作原理是一样的，但在用电不多的时候，也就是晚上，水会从一个中间储水箱被抽回水库，以便第二天能再次提供电力。然而，如果抽水的电力来自核电站或火力发电厂，那么由此产生的电力是不环保的。此外，整个河道有时会因为蓄能电站和抽水蓄能电站而被抽干，因为所有的水都是从河里引来的。

水的力量

我们都知道水是从上往下流的。在早期，人们曾尝试过利用这一特性。自12世纪以来，欧洲的磨坊或锯木厂都是用水轮机械驱动的。在19世纪，纺纱厂和织布厂沿河而建，这些厂房的机器也是直接用水力驱动的。

19世纪末，工程师维尔纳·冯·西门子发现了如何将水力转化为电力。电力通过线路网进行分配，因此可以到达千家万户，使家庭和工厂的电器和机器进行工作。

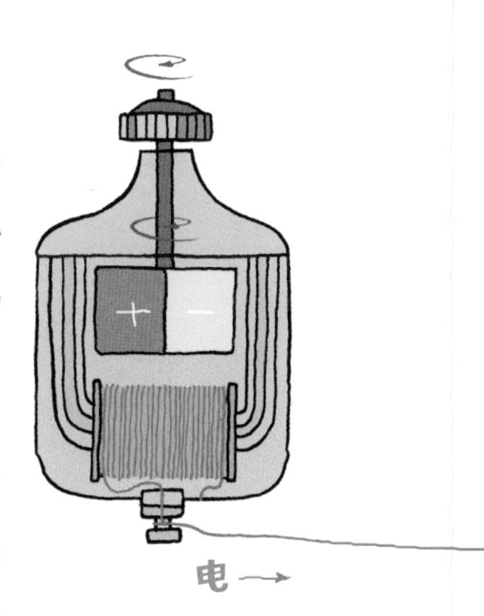

莱茵河瀑布

参观完水电站后，格鲁比继续向下游走，很快他就到达了莱茵河瀑布。它位于瑞士北部莱茵河上游，是目前欧洲流量最大的瀑布。

此处的莱茵河有 150 米宽，河水落差高达 23 米多。初夏河水水位高时，水量超过 1000 立方米每秒。截住这巨大水量的莱茵河瀑布盆地有 13 米深。

特别吸引人的是两块岩石，数千年来它们一直抵抗着汹涌的水流。人们甚至可以爬到其中较大的那块岩石上：一艘船正从岸边驶过盆地，到达岩石脚下，那里有一条陡峭的台阶通向顶部。格鲁比自然不想错过这个绝妙的有利位置。

这壮观的自然奇观一直吸引着世界各国的游客，来自亚洲的几名游客也来欧洲旅行，他们礼貌地询问格鲁比是否愿意为他们拍照。“当然了！”格鲁比很乐意帮忙，马上就有下一个游客问起……不一会儿，他为来自世界各地的游客们都拍了照片。

冰川如何塑造地形？

就像中欧地区许多的河道和地形一样，莱茵河瀑布是在大约一万五千年前，即最后一个冰河时代形成的。当时，欧洲的大部分地区都被冰川所覆盖，从阿尔卑斯山谷延伸到中部地区的冰层厚度高达 1200 米。在冰川退回阿尔卑斯山高处的山谷后，它在地表下冲出了沟壑和盆地，水就在这些地方找到了出路。

参观修道院

在中世纪早期，由于森林覆盖了大部分地区，人们通常循着水域附近定居。这与数千年前石器时代的法尔农人相似。由于河流冲积平原的土壤十分肥沃，连绵起伏的山丘又非常适合耕种农田以及种植葡萄藤，修道院也经常沿河而建。在莱茵河瀑布后面的几公里处，格鲁比发现了一座特别宏伟的修道院——莱茵瑙修道院。

据传说，莱茵瑙修道院是在一千多年前建立的。9 世纪时，有一位名叫芬坦的爱尔兰流浪修道士曾隐居在远离人烟的莱茵瑙岛上，把自己关在一个小房间里修行！后来，人们在这个隐居处的遗址上建立了修道院。虽然很难说这个故事是否属实，但很有可能是这样，该修道院的确由一位爱尔兰流浪修道士创建，如同瑞士的其他几座修道院一样，例如圣加仑修道院。那个时代，有许多爱尔兰修道士为了传教四处云游，也就是说，他们想通过一路上的传教来获取人们对所信仰宗教的支持。

修道院里通常居住着一群修道士或修女，他们把自己的生命完全奉献给了自己所信仰的宗教。修道院的生活格言是“祈祷和工作”，日常工作都以此为基础，从每天清晨的晨祷开始。之后，修道士或修女会去田间或葡萄园工作，或在修道院的花园、图书馆、厨房里工作。工作日由不同的祈祷时间来划分，晚上则以晚祷和安静的沉思结束。

在中世纪，修道院对整个社会而言都相当重要。修道士们几乎是当时唯一能够阅读和书写的群体。在他们的图书馆里，他们保存着珍贵的手稿并进行复制——在这一时期的欧洲，所有的书都是手写的，懂艺术的修道士经常会在书上画些美丽的图画进行装饰。修道院有一些附设的学校，用于教育新学员，也就是未来的修道士。修道士们还精通农业和手工艺，尤其是葡萄种植或酿酒艺术。另外，他们还懂得大量的护理知识，可以用他们草药园里的草药制作茶水、药酒和药膏来治疗各种病症。因此，修道院在当时可谓是真正的知识中心。直到第一批学校在城市建立起来，其他人也学会了阅读和写作，修道院的重要性才慢慢减弱。

游览法尔农人的世界

在大约 5000 年前的新石器时代和青铜时代，第一批居住在阿尔卑斯山地区各个湖泊边的垦荒者就是法尔农人。由于当时大部分地区仍被森林所覆盖，法尔农人只好在湖岸边建造房屋和耕种田地。在春天水位高的时候，为了防止房子不会被淹没，他们不得不把房子建在木桩子上。面对野生动物或敌人时，位于水面上或高于水面的位置也在一定程度上保护了他们。

这些房子有一到两层楼那么高，上层是用稻草覆盖的卧室。壁炉可以用来做饭，提供热量，还能在晚上提供一点照明。太阳下山后，全家人就都早早地睡觉了。

他们的伙食很简单，大部分是用农耕的粮食和采集的浆果及坚果制成的粥。此外，还有用渔网或带鱼钩（由骨尖制成）的渔线捕获的鱼，有时还有肉。喝的是水。

他们也会用弓箭去狩猎。他们饲养的第一批家畜，除了绵羊和猪之外，还有牛。不过，这些牛只有在产仔后才有牛奶，时间很短。它们还可能被用于耕田以及驮回所收割的庄稼。

法尔农人的工具和武器是由木头或骨头制成的。箭镞、钓鱼用的钩子和小刀刃都是用金刚砂（一种坚硬的石头）打磨而成，然后用绳子固定在手柄上或用树脂粘在手柄上。

他们用这个地区特有的一种黏土来制作锅具，用来烹饪和存储物品。当时还没有发明陶轮，这些器皿是用薄薄的黏土疙瘩手工打造的，然后再抹平并加上装饰。为了使器皿变得坚固耐用，必须要经过烧制，法尔农人起初是在铺有炽热煤炭的坑里烧制器皿，后来则是在简易的窑里烧制。

他们用树木的韧皮制成衣服和布匹，后来又在这种材料中加入了亚麻和绵羊毛。先用简单的石轴进行纺纱，然后再在竖立的织布机上织成布。他们还用树皮制作篮子、绳索、渔网和凉鞋。

沼泽地里的
植物和动物
香蒲
小苇鳽
欧亚萍蓬草
侧褶蛙
狐尾藻
具缘龙虱
具缘龙虱幼虫

黑鸢
黄菖蒲
芦苇
豆娘
文须雀
绿头鸭
欧洲水蛙
白睡莲
普通欧螈
蜻蜓幼虫
蝌蚪

连接两个国家的桥梁

上莱茵河（莱茵河的上游博登湖至巴塞尔之间的河段）是瑞士和德国之间的一条很长的边界河。格鲁比在劳芬堡有一段奇特的经历。他走过莱茵河大桥，经过海关进入德国，来到了劳芬堡小镇！虽然是一个城镇，但它却隶属于两个国家！劳芬堡的这种特殊情况归功于法国统治者拿破仑，他曾经征服过这里，然后直接重新划分了这片区域：从此莱茵河右边的地区属于德国，而左边的地区则被划分给瑞士。不过估计劳芬堡人民可能更愿意待在一起。

由于劳芬堡地处狭窄的河道两岸，使建造桥梁成为可能，在这里所建的桥是早期的莱茵河大桥之一，阿尔萨斯和博登湖地区之间的旅行和贸易也得益于此。

鲑鱼

鲑鱼的一生中会进行两次长途迁徙。小鱼在河里孵化后，年幼的鲑鱼会在它们出生的河流中度过它们生命的头几年，然后它们开始向大海迁移。

在海里待了 1 ~ 4 年后，这些鱼到了成熟期，它们会经历长途跋涉再次回到它们出生的地方，只有在那里，它们才会繁殖。在逆流而上的漫长旅程中，鲑鱼可以跳过两米高的障碍物。

在 20 世纪早期以前，莱茵河都是欧洲最重要的鲑鱼产地。然而，随着水坝和围堰的建设，人类在鲑鱼洄游的路上设置了许多障碍，还造成了水污染，这些因素导致 20 世纪 50 年代莱茵河中的鲑鱼彻底消失了。不过，现在因为有了鱼梯和鱼道，鱼类可以再次进行迁徙，水也变得更干净了。因此，鲑鱼有可能重新回到莱茵河上游，找到它们的故乡。

没有桥之前，人们如何渡河？

自古以来，河流一直被当作运输路线。但对于那些想过河，却又不想沿河而走或者乘船渡河的人来说，河流就成了一个阻碍。在早期阶段，人类要克服这一障碍并不容易。不过，当时的河道并没有像现今这样被改直和干预，河床是有很大差别的，除了深的部分外，总会有浅的部分。在这些浅水处，即所谓的浅滩，人们可以带着他们的牲畜一起渡河。

当然，有时他们不得不涉足更深的水中。但他们通常会把东西放在肩上和头上带到对岸，以便保持物品干燥。浅滩在当时是交通的重要场所。人们常常在这附近建立定居点。因此，“浅滩”的德语“furt”一词可以在许多地名中找到，例如德国的法兰克福（Frankfurt）、爱尔福特（Erfurt）、施韦因富特（Schweinfurt），还有瑞士的福伊厄塔伦（Feuerthalen，原名 Furtal）。

乘坐木排和渡船是从一个海岸到另一个海岸的另一种方式，通常也更方便。在巴塞尔和其他许多城市，时至今日人们依然在使用它们。

但两岸之间最重要的通道很快就变成了桥梁。起初，在河水浅的地方，倒下的树干或铺上一排石头可以勉强充当早期的桥，人们可以从河这边走到河那边。

桥梁建设简史

罗马人是第一批建造石拱桥的人。有了拱门的形式，人们可以跨越非常长的距离。这些早期建筑杰作的代表直至今天依然存在，例如法国南部有一座宏大的加尔桥，其历史超过了2000 年。当时的罗马人已经将混凝土用于建造桥梁了。这是一种由石灰石、黏土、沙子、砾石和水组成的混合物，可以将石头牢固地黏合在一起。罗马人也是建造木桥的高手。在与日耳曼人的战争中，尤利乌斯·恺撒皇帝仅用 10 天时间就在莱茵河上建造了一座木桥。可惜罗马人在建筑结构和桥梁方面的先进知识随着他们文化的衰落而消失了，直到罗马时代数百年后，人们才重新发明混凝土。

中世纪时期主要是建造比较简单的木桥。例如，卢塞恩的卡佩尔桥，建于 14 世纪，这证明了木桥也可以美丽且实用的。然而，木桥会被烧毁。卡佩尔桥最终在 1993 年被烧毁，不得不进行重建。在城市中，桥梁不仅仅用作道路，而且还会与房屋一起建造，如佛罗伦萨的维琪奥桥、威尼斯的里亚托桥。

在 19 世纪和 20 世纪，随着工程技术和新建筑材料的进一步发展，更新、更长、更高的结构也出现在桥梁建设中。在很长一段时间里，旧金山的金门大桥曾是世界上最长的桥梁。而现今，中国的丹昆特大桥是世界上最长的桥梁，全长 164.851 千米。在鹿特丹，伊拉斯谟斯大桥引起了不小的轰动。与金门大桥一样，它也是一座悬索桥。不过，有一些较小的桥梁也称得上是真正的工程奇迹，例如瑞士工程师罗伯特·马亚尔于 1930 年在山谷间建造的萨尔基那山谷桥。

地下散步：在下水道里

格鲁比一直很好奇的一件事情是：家庭用水被冲进水槽和厕所后去了哪里？会发生什么？因此，当他在镇上看到市政工程的两名工人准备进入下水道时，他抓住机会询问他们是否可以带自己一起进去。通常情况下这可不是件容易的事，但在格鲁比的央求下，两人被格鲁比的好学精神打动了，决定带他下去。幸运的是，他们在车上还额外有一套工作服和靴子。

这身工作服并不是那么舒适。在小心翼翼地沿着梯子进入下水道后，格鲁比很快意识到，一身好行头在这里是多么的重要。他听到了冲水的声音，一股带着泡沫的浆液从管道中溢出，向他涌来。格鲁比试图闪开，但是脚下一滑，他掉进了排水渠。工人们立即把他扶起来，但因为格鲁比经历的“水渠洗礼”，大家都哈哈大笑起来。“格鲁比，至少你很幸运，这只是一台洗衣机排出的水。”“没错，甚至可以闻到洗涤剂的味道。”

污水处理系统

一栋房子里来自厕所、洗脸池、厨房水槽和洗衣机的废水都会被收集在一起，并被引入公共下水道。为了防止下水道的异味通过管道散发到公寓，厕所等地方都安装有虹吸管。这是一个隔臭存水弯管，通常是一个 S 形管道。水会一直停留在这个管道的下弯处，这样就能很好地保持家里的气味。在大多数地方，雨水也会直接进入下水道——实际上这很可惜，因为雨水是非常干净的。

废水被收集到越来越大的水渠中，并沿着固有的坡度流向污水处理厂。它们会在 2 ~ 3 小时到达污水处理厂。

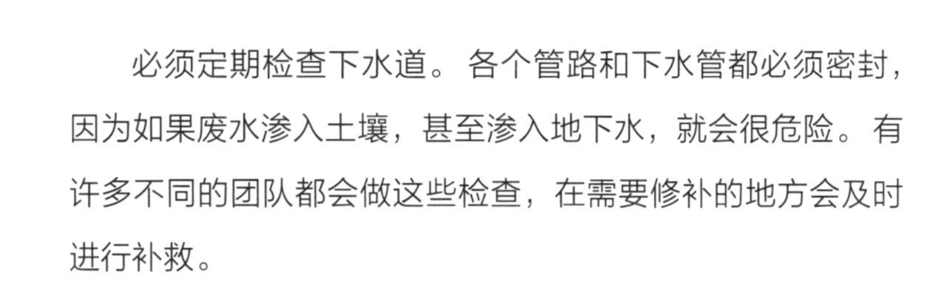

必须定期检查下水道。各个管路和下水管都必须密封，因为如果废水渗入土壤，甚至渗入地下水，就会很危险。有许多不同的团队都会做这些检查，在需要修补的地方会及时进行补救。

人们是如何净化水的？

参观完下水道后，格鲁比参观了污水处理厂。技术员克劳迪娅热情地接待了他，她向格鲁比展示了废水是如何被净化并返回到水循环中的。“来自整个城市的废水通过下水道汇集在一起，然后被引入到我们的污水处理厂。”

一座大城市每秒钟有大约 3000 升废水，下雨时甚至高达 6000 升水，这些水通过巨大的管道流入污水净化设备。为了净化污水，人们对污水进行了几个阶段的处理，以去除水中的不同物质，如沙子、食物残渣、排泄物等。

净化过程的开端是粗砂捕集器。废水中比较重的物质，如粗砂、砾石和玻璃碎片，会在这个容器的凹槽中沉淀下来。然后，废水会流过一个巨大的格栅。格栅像一个耙子，可以截留水中的纸张、木材、食物残渣和一些粪便，还有其他稀奇古怪的东西：硬币、玩具车、眼镜……“谁会把自己的手机也扔进马桶呢！”格鲁比十分诧异。“的确是这样，”克劳迪娅附和道，“某些人想把所有东西都扔进下水道，这真是令人吃惊。只有来自厕所、浴室以及厨房的废水才是真正属于这里的东西。其他的东西都会污染下水道，这增加了净化成本，使清洁工作更加困难。”

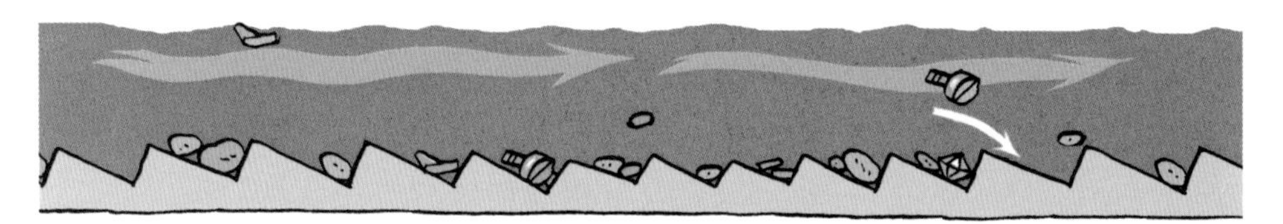

经过大格栅之后，废水又流到外面的新鲜空气中。在油污和细砂捕集器的池子里，侧面会有空气吹入废水中，这让聚集在污水表面的较轻的油脂飘动了起来，并被挡板清除掉。较重的细砂会沉积在池子底部。

随后是初级沉淀池，废水在里面几乎达到了静止状态。在这里，水中残留的粪便、纸张和食物残渣的最小颗粒会沉淀下来。

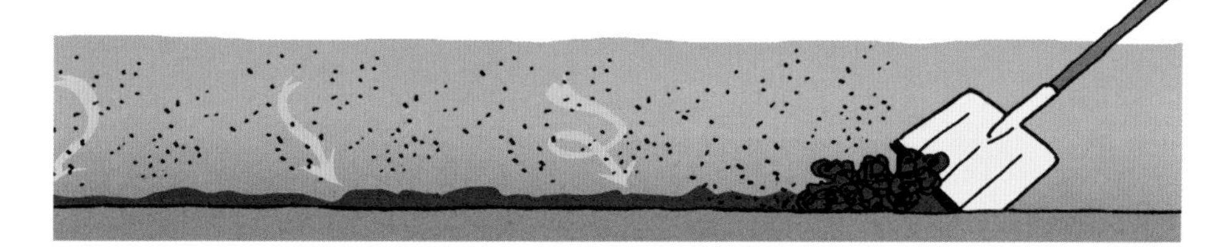

此时只有非常小的和溶解了的污染物还留在废水中，如洗发水或糖水，它们会在活性污泥池中被分解。这里是最小的生物体——细菌和微生物发挥作用的地方。对它们来说，污染物是天赐之物。当然，当细菌和微生物吃饱之后，污泥就必须再次与水分离。这将在二级沉淀池中进行，污泥会再次沉淀在池底，然后在那儿被吸走，大部分被送回活性污泥池，这样细菌可以继续它们的吞噬工作。

接下来，二级沉淀池的水到达了最后一站——砂滤室。在大型的砂滤室中，这些水通过两层沙子流下，最后残留的一些悬浮杂质就被过滤掉了。这样，净化水的一天就结束了。在历经差不多 24 小时后，水已经被净化掉所有污垢，并引回河中。

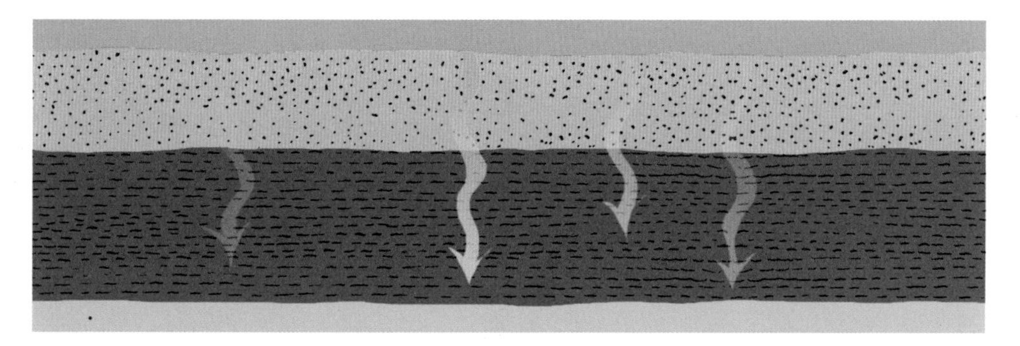

“哇，这真是个复杂的工序！”格鲁比惊叹于净化废水所需的许多步骤，而对他来说更有意义的是，明白应谨慎地对待水资源，从自身做起，节约用水。

这些不属于废水

食物残渣、茶包、咖啡渣；煎炸的油、油脂；猫砂和其他沙子；尿布、药棉、掏耳棒、手帕；丝袜、内衣；包装纸、电池；机油、染料残渣、溶剂、酸、碱和毒药……

所有这些都属于垃圾，不能扔进废水中。而且其中的电池、机油、溶剂、酸和毒药等物质都是有毒物质，必须送到专门的废品收集点。

集装箱港口

格鲁比继续他的探索之旅，现在他来到瑞士第三大城市巴塞尔。根据计划，他要尽快赶到港口去。

莱茵河航运

如同其他重要的河流一样，莱茵河自古以来就是一条重要的运输路线。从很早的时候开始，木筏就漂浮在莱茵河上，小木船被用来运输货物和乘客。

在瑞士的河段内，莱茵费尔登的莱茵河瀑布和湍急的水流给航运造成了难以逾越的阻碍。因此，在博登湖和上莱茵河的个别河段上目前主要是客船在航行。为了克服上莱茵河的瀑布和急流，人们可以轻而易举地卸下整艘船的货物并把它们向上托举着沿河道全部运过去。但这方法对于当代的巨大船舶来说，是行不通的，因为它们太大、太重了。这就是为什么从鹿特丹出发的莱茵河航运只到巴塞尔上方的莱茵费尔登就到头了。

港口

莱茵费尔登港口，以及巴塞尔的四个港口，构成了瑞士重要的货物运输枢纽。它们连接北海到鹿特丹，以及通过运河到阿姆斯特丹和安特卫普，这是欧洲最重要的运输路线。自 1992 年以来，人们通过水路就可以从巴塞尔经莱茵河主运河到达多瑙河，从而到达布达佩斯和欧洲东南部。然而，这段旅程是漫长且复杂的：在途中需要 9 ～ 12 天，而且必须通过 74 个船闸。而从北海过去则最多需要三天时间。

运输货物

过去主要是农业方面的货物经莱茵河被运到瑞士，包括谷物，如小麦、玉米，还有咖啡、可可等。这些原料被储存在港口的巨大筒仓中，从那里，再通过火车或者卡车运往瑞士。瑞士供暖用的煤、沙子、砾石和工业用的原料金属也都是进口的。从 20 世纪 60 年代中期开始，原油成为最重要的运输商品。瑞士所使用的原油，有三分之一是在巴塞尔转运的。

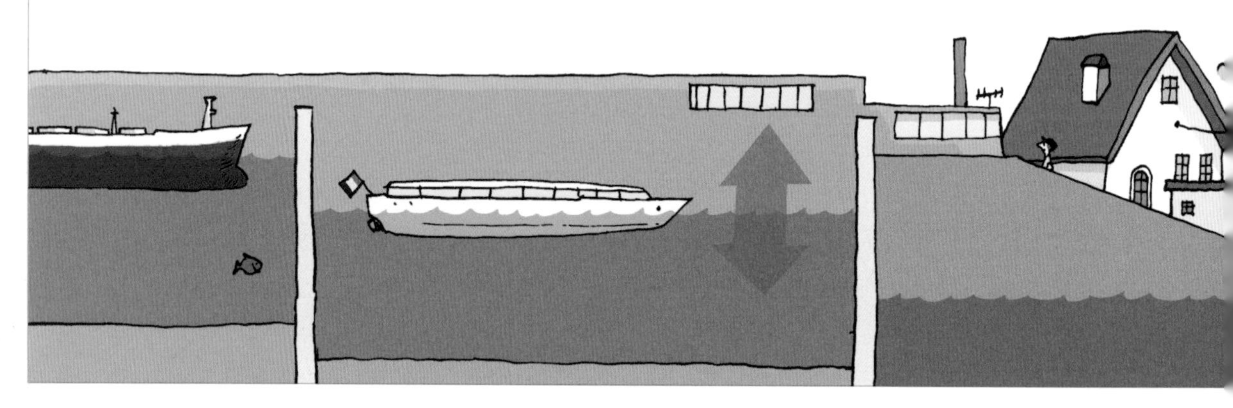

集装箱运输

自 20 世纪 80 年代以来，集装箱运输变得越来越重要。集装箱具有统一的长度、宽度和高度（6.1 米 × 2.4 米 × 2.6 米），这使得它们在船上和仓库里很容易堆叠。为了运输各种各样的东西，巨大的集装箱内部有不同的布局，例如，鲜花和食物存放在可以冷藏的集装箱里。

船舶货物运输

船舶货物运输是最便宜也最环保的运输方式。一升柴油可以将一吨货物运输 100 千米；如果用铁路运输，这些柴油只够运输 66 千米；而用卡车的话，只够运输 20 千米。当然，不是每个目的地都能通过水路到达，因此人们必须通过其他运输方式进行精细分配。

舱底船

20 世纪 70 年代以前，因为舱底油，航运与水源污染脱不了干系，这是一种水和机油的混合物，积聚在船舶的发动机舱下。过去这些混浊液体被直接倒入莱茵河进行处理。毋庸置疑，这对河流中的生物是有害的，重度油污对河流中的生物来说是很大的威胁。它会粘在鱼鳃和水鸟的羽毛上，也会损害植物。因此，一段时间以来，人们投入使用了所谓的舱底船，它们可以从停泊在港口的船只上吸走油水混合物。这是对航运更加环保的一个重要贡献。

跟船长一起去旅行

格鲁比在港口周围转了转，然后去了码头，那儿停着装满集装箱的船舶。“嗨，你好呀，船长！”他大胆地向“格温多林”号上的一个人打招呼，“你的船上还需要水手吗？”艾克·范·迪克的确是船长，他笑了笑：“嗨，你这只有趣的鸟！想要我雇佣你吗？你很走运，我的一个水手碰巧正在休假，所以正好需要一个帮手。只是你真的能卖力气干活吗？不会很娇气吧？我们在航行中不仅要擦洗甲板，还有粉刷工作要做。”格鲁比毫不介意，他高兴地跳上了船，一小时后，“格温多林”号起航了。

在甲板上，艾克首先向他的新水手展示了船舶指挥台上的驾驶室。“这艘船是从这里掌舵的，中间的屏幕上是一张地图。通过雷达和全球定位系统（GPS），我们可以看到自己和其他船的位置，还可以看到桥墩或其他障碍物。如果有需要的话，我们也可以在能见度低的情况下以及夜间航行。以前碰到恶劣的天气，我们不得不一直等待天气好转，因此航行时间非常不规律。而现在，我们几乎能精确地告诉客户他们的运输物将在几点几分到达。”

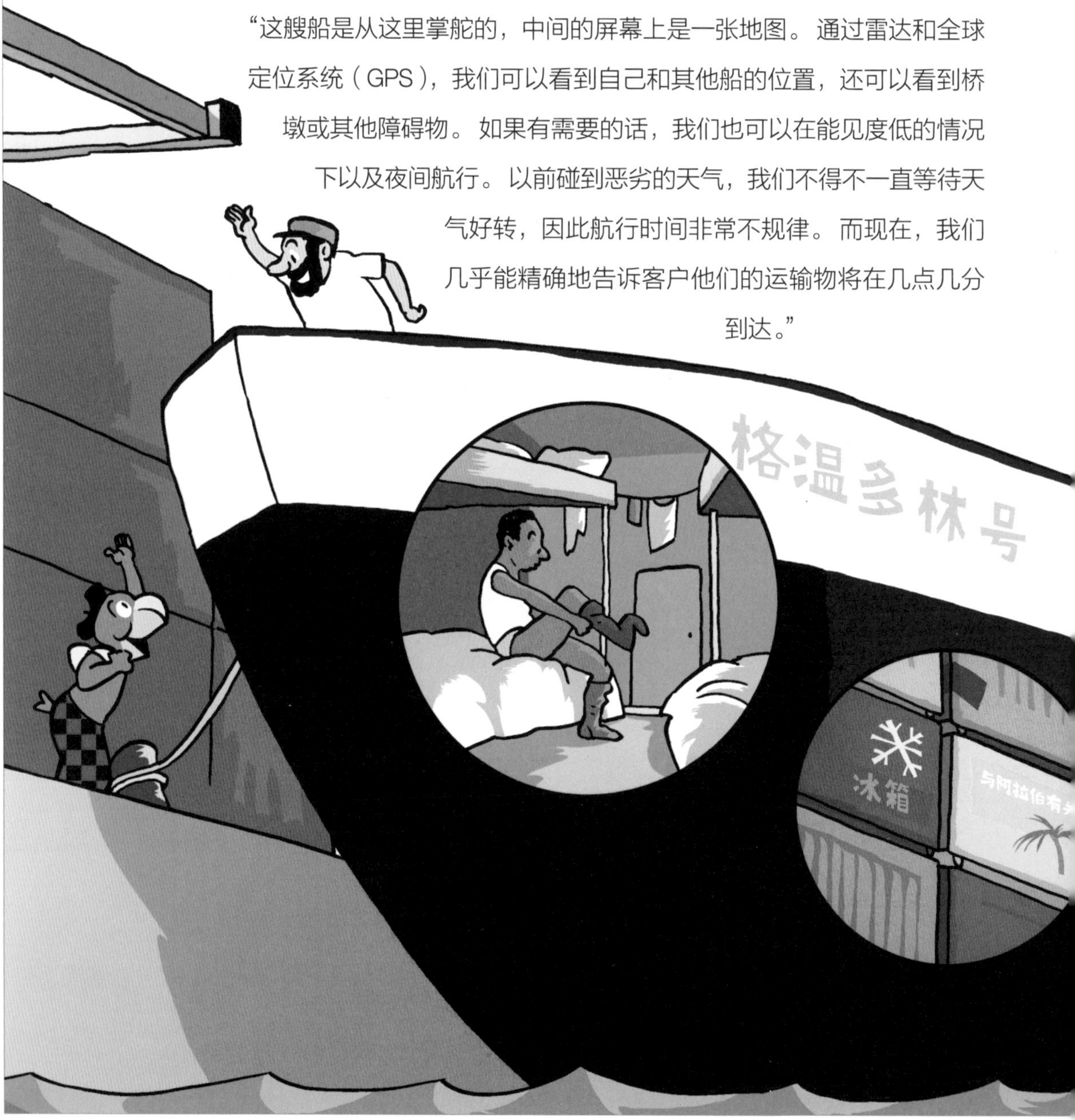

“通过控制杆，我可以操控船上两个大的发动机。为了能灵活地驾驶，前后还各有两个较小的发动机，所以我们的船也可以向侧面移动。”

驾驶室下面是船长一家的住所。再往下一层是发动机室，里面有驱动螺旋桨的大型船用发动机和许多其他装置。船员的舱室在船的前端，即船头。格鲁比把他的东西放进小屋后，就开始工作了。船的栏杆需要重新涂上防锈漆。整艘船都需要这样的保护涂层，而且必须定期更新。

格鲁比已经工作了几个小时，这时艾克在他身后喊道：“我们马上就要到第一道船闸了，你一定想来看看吧！”格鲁比马上跑到跟前，看着这艘宏伟的船进入闸室。然后，闸室关上了，里面的水被排了出去，直到与河道下段的水位齐平，船才开始继续航行。在莱茵河上的发电站有船闸，它的作用是消除其他河流中，特别是运河中地形上的海拔差异。

临近傍晚时分，船长的妻子克里斯蒂娜叫她的丈夫和格鲁比到驾驶室后面的平台上去吃饭。

船继续航行，在科布伦茨和美因茨之间的河道拐弯处有一块凸出的巨大岩石，格鲁比对这一壮观的景象惊叹不已。“那是罗蕾莱，”克里斯蒂娜向他解释说，“在过去，这块岩石给许多水手造成了困扰。”

关于罗蕾莱的传说

“据传说，从前，在莱茵河畔的巴哈拉小镇附近，有位美丽的女妖罗蕾莱住在那块岩石上，日复一日梳理着她的金发，唱着悲伤的歌曲，因为她的爱人永远地离开了她。她的歌声十分诱人，听到歌声甚至看到她的秀发在暮光下闪闪发光的水手们被迷住了，完全陶醉在其中，以至于他们忘记去注意狭窄的河湾里的礁石和浅滩。有些船在礁石上撞坏了，有些船在搁浅后四分五裂，许多勇敢的水手也殒命于莱茵河中。”

“真是个美丽而悲伤的故事。这里真的有船沉没吗？”“是的，相当多，”艾克说道，“不过，船之所以沉没，更大的原因可能是以前这里的河床非常狭窄，还有浅滩和悬崖。不过别担心，它们早就被清除掉了。”之后，当格鲁比躺在他的小屋里时，他似乎感觉到有一段美丽的旋律带着他进入梦乡，他已经在做梦了……

又经历了一天一夜的旅行，“格温多林”号到达了鹿特丹港。格鲁比在这里向艾克和克里斯蒂娜告别。艾克把过去几天的报酬交给他。“感谢你的工作，格鲁比。你真的付出了许多努力。如果你想再次去旅行，就和我们联系，我们很乐意带你一起去！”克里斯蒂娜还准备了一个小纪念品，是个装在小瓶子里的满载的集装箱船的模型！

水手的行话

格鲁比在与艾克前去船员舱室时，马上注意到船头是船的前端。但当艾克说“到船尾的守车来，这儿有麦芽咖啡”时，他一个字都没听懂。事实上有整整一系列的航海术语，其中大部分来源于旧时代，而且许多术语已经使用得越来越少了。

目前仍在普遍使用的术语有：

船头和船尾（Bug und Heck）：船舶的前后两端。

船尾（Achtern）：船的后侧。

右舷和左舷（Steuerbord und Backbord）：船舶行驶方向的右侧和左侧。

迎风和背风（Luv und Lee）：面向风的一面和避开风的一面。

水手的奇谈

以前水手们会在喝潘趣酒时相互讲故事，他们讲的都是些经过添油加醋编造的难以置信的冒险故事和大海怪的故事。

通往世界的门户

鹿特丹港是欧洲最大的港口。来自各大洲的船只抵达这里，带来了食品、建筑材料，最重要的是原油，以及集装箱中的各种货物，还可以为好奇的游客提供港口旅游。格鲁比马上参与到其中。马雷克是一名导游，对鹿特丹和港口非常了解，他向格鲁比介绍了鹿特丹港口的情况。

“鹿特丹港在中世纪时就已经是一个重要的港口。当时，船只还停靠在城市的中央。现在，鹿特丹的各个港口占地超过 100 平方千米。因此，整个港口比一些大城市的面积还要大。”

港口的设置与众不同。有一个供远洋船舶停泊的深水港，吃水达到 24 米的船舶可以停泊在这里。这些海上巨人身上装载的集装箱长达 350 米，分 7 层堆放，它们的梯板高达 30 米。

相比之下，宏伟的“格温多林”号只能算是一艘小船。马雷克解释说：“船舶是用巨大的集装箱起重机卸货的——卸货是海员用语。起重机是全自动的，工作人员从控制中心控制这些抓臂，把它们引向集装箱，将集装箱从船上吊起来。通过起重机桥架被带上岸，并放到货车上。这样就把各个集装箱运送到仓库。之后，它们会被转移到内河船舶、货运列车或卡车继续前行。”

在港口处理的最重要的商品是原油。它通过巨大的油轮从北海的石油钻井平台或阿拉伯地区被运来，油轮上的强力泵再把它抽到油库中。很大一部分原油是在鹿特丹港口附近的工厂加工的，例如加工成汽油或燃油。之后，各种各样的产品被运送到消费者手中，一部分是通过船舶运输，一部分则是通过输油管道，即把油或汽油从一个地方抽到另一个地方的大型管道。

海上的一天

北海的瓦登海从荷兰北部沿着德国海岸一直延伸到丹麦。瓦登海的海岸线完全平坦地延伸到北海中。由于潮汐的影响，瓦登海会不断地改变其外观：在涨潮时，可能会有几千米宽的海岸带被水淹没；在退潮时，这片地区又会露出水面再次干涸。

潮汐

在地球和围绕它转动的月球之间存在着引力。这种力量对陆地的影响不大，但对于占据地球表面 71% 面积，且一直处于运动中的水的影响则要大得多。因此，朝向月球的海水被更强烈地吸引，出现了涨潮，在此期间海水会上升到满潮。随后是退潮，在此期间海水则完全退到低潮。因为地球会自转，所以潮汐一直在移动，围绕着地球每天移动两次。在荷兰和德国的北海海岸，潮起潮落之间的水位差高达 3.5 米。而在地中海只有很小的波动，河流和湖泊的涨潮和退潮之间几乎没有任何变化。在流经伦敦的泰晤士河，人们也可以很清楚地观察到潮汐。

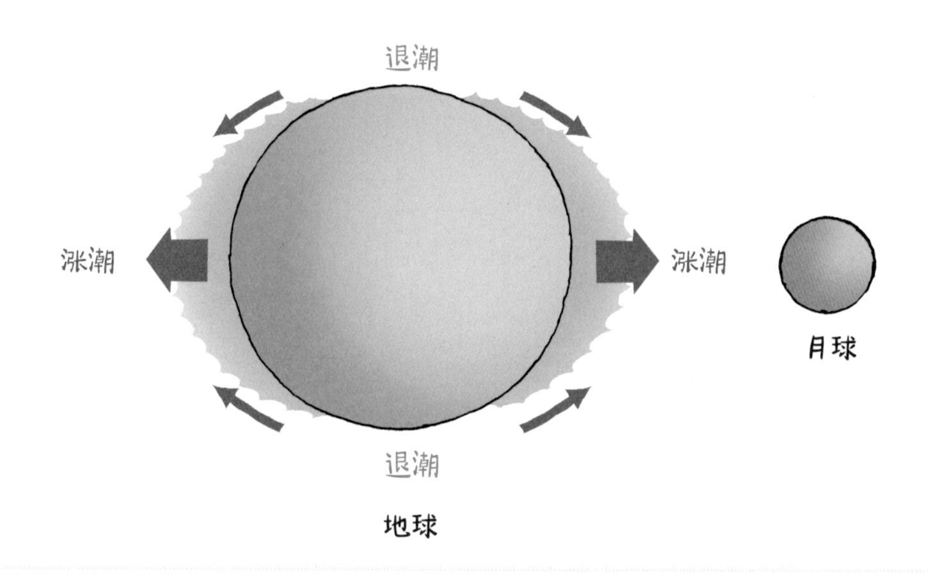

涨潮和退潮之间的生命

洪水和干旱之间的定期变化使瓦登海成为一个非常特殊且丰富多彩的栖息地。如果仔细观察，就会发现这里有众多不同的生物。螃蟹、贻贝等动物在退潮时会迅速退到地下。对于许多鸟类来说，瓦登海一年四季都是理想的栖息地，而且各种候鸟在长途跋涉中也喜欢到这里休息，以恢复体力。

许多海洋鱼类在瓦登海的浅水域找到了繁殖后代的良好条件。海豹和海狗也在这里安家了。在穿越滩涂的探索之旅中，格鲁比见到了许多鸟类。在潮湿的区域，他发现了螃蟹、贻贝、蠕虫、海藻，甚至还有海星。

滩涂中的动物和植物
黑雁
扇尾沙锥
凤头麦鸡
北极燕鸥
环颈鸻
海沙蚕
沙虫

小黑背鸥
银鸥
蛎鹬
反嘴鹬
灰海豹
港海豹
沙蚕
唱片蛤
乌蛤科
软壳蛤

没有鱼了！

瓦登海的探索之旅让格鲁比感到饥肠辘辘。幸运的是，格鲁比在一个古老的渔村找到一家饭馆，他迫不及待地想要尝一尝当地精美的炸鱼。然而很遗憾，老板娘的话让他失望了："恐怕我无法为你服务。你知道吗，近几年来，海洋中鱼的数量和种类已经完全改变了。以前这里确实有很多捕鱼活动，渔民们经常在清晨乘船出海，拖网捕鱼。但在过去的 10 ~ 20 年里，北海真的早已被捕捞殆尽。这是人们在深海肆无忌惮地过度捕捞导致的。他们在大渔船前用巨大的拖网捞取迎面而来的所有东西，这些网又长又窄，几乎没有动物能够逃脱。另外，捕鱼者还用大耙子将地面犁平。因此，仅仅十几年时间，不仅鱼类的数量锐减，其他动物和植物也受到严重影响。"

老板娘的一番讲述让格鲁比对海鱼失去了胃口。不过，这次能用美味的豌豆汤来弥补，他也很高兴。

生命起源于水

从山间泉水到汪洋大海，格鲁比在对水的探索过程中发现：不论是植物、动物，还是人类，水都是无比重要的。水不仅对地球上的生命如此重要而独特，实际上它自身也是独一无二的。从地球的形成直至今日，一直是同样的水在循环往复。可以说，我们如今所使用的水，在恐龙时代就已经参与了水循环。

生命的起源

事实上，所有的生命都起源于水。最早的生物是渺小的微生物。经过数百万年，这些微生物进化发展成了第一批原始鱼类和水生植物。原始的蕨类植物是最早在陆地上传播的植物。两栖动物是既能生活在海里又能生活在陆地上的动物，它们在 3.5 亿多年前从水中来到了陆地上。第一个完全在陆地上定居的动物是蝎子。另外，昆虫也很早就已经出现了，其中甲虫至今依然是最重要的群体。

2 亿年前，恐龙在大陆上盛极一时，至于它们为什么在 6500 万年前会灭绝，目前仍是未解之谜。自大约 6500 万年前起，许多哺乳动物逐渐进化。最后，人类开始出现。

因此，所有生命都来源于水，所有生物都需要水才能生存。这与水的多种独特性有关，没有其他物质能与水相提并论。

关于水的简短课程

H_2O，是水的化学式。与所有化合物一样，最小的粒子，即水分子，是由不同的原子组成的：2 个氢原子（H）和一个氧原子（O）。

这种化合物非常稳定，其他物质可以溶解在其中。如果准备一杯糖浆，就可以很清楚地看到这一点。糖浆主要由糖组成，它溶于水，就像煮意大利面时开水里的盐一样。制备糖浆或烹饪意大利面是其他物质可以溶于水的实例证明，但更重要的是，水对我们身体的意义。

我们身体里的水

身体里的水确保我们呼吸、生长或运动所需要的所有物质都能被带入细胞中。在我们体内不断进行着各种化学过程，如果没有水，所有这些都是不可能的。这也就解释了为什么人体的 3/4 是由水组成的。有些植物的含水量更高，黄瓜的含水量甚至达到了 96.7%。

水的反常现象

研究人员将水的一个特性称为“反常现象”，意思是“违背规则”。更确切地说，是关于冻住的水会漂浮的现象。在冻结状态下的水比液态的水更轻。这在冬季对湖中的鱼类和植物至关重要，因为即使湖面结冰了，它们也能在湖底生存。

水的三种状态

像所有物质一样，水以三种状态出现：液态、固态或气态。例如，当我们把锅里的水加热到 100 摄氏度以上时就会形成水蒸气。当我们将水冷却到 0 摄氏度以下时，它就会结冰。这使我们看到了水的另一个特性：由于水的冰点和沸点相当接近，它是地球上唯一一种同时存在三种状态的物质——固态的雪和冰、液态的水以及气态的水蒸气，水蒸气即空气中的水分。

当格鲁比坐在鹿特丹的海边时，他想到了一个重要的问题：水是如何回到托马湖及其他所有为河流和湖泊提供水源的泉水中的呢？在这段探索中，尽管格鲁比不能一直与水为伴，但他可以用水的三种状态来解释这个问题。

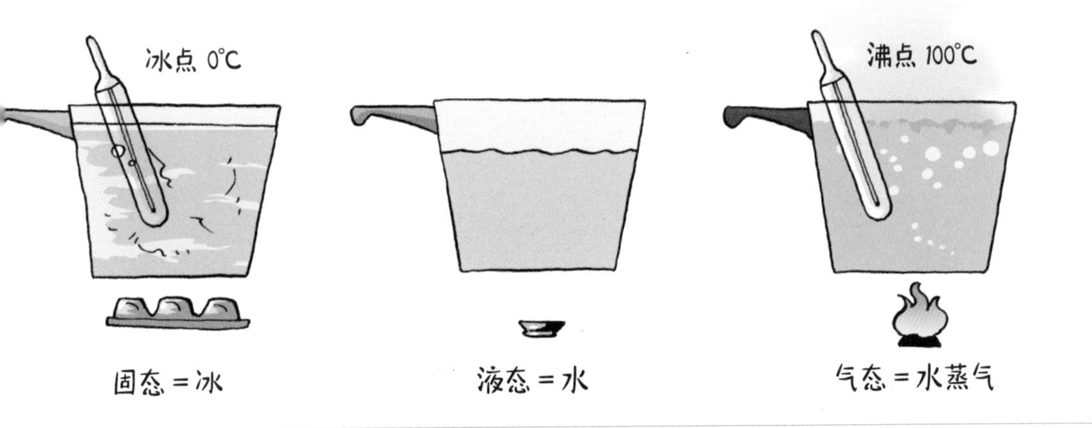

雷阵雨来了

在炎热的夏天，格鲁比经常看到天空中酝酿着一场雷雨。

太阳照射并加热了地面上的空气，热空气会吸收大量的水分。当热空气上升到高处，与空中的冷空气相遇时，空气中的湿度就形成了积云，它们也被称为卷毛云。

但是，如果空气被阳光强烈且快速地加热，它就会上升得更高，可以达到 10 千米～ 15 千米的高空，那里的温差更大。水分此时形成了一团巨大的雷雨云，最后就开始下起大雨。有时候甚至会下冰雹，因为温差太大，水滴在雷雨云中会结冰。

在雷雨期间，空气中的水分上升到高处，形成云，最后再次降落到地面上。这是一个小规模的水循环，正如整个地球所存在的大规模水循环一样。

高层云

层云

卷云

卷层云

砧状云

高积云

积雨云

层积云

水循环

地球表面的 71% 被水覆盖，其中绝大部分是海和洋的咸水。在这些巨大的水体表面，水在太阳的照射下蒸发并在空气中上升。当空气达到一定的湿度，就会出现降水，也就是雨、雪或冰雹。大部分的降水直接落在海洋上，但也有一部分落在陆地上。

雪和冰可以在陆地上停留很长时间；部分雨水直接进入湖泊和河流，而另一部分则渗入地下水或在泉水中再次出现，还有一部分润湿了土壤，使植物得以生长。这样就完成了一次水循环。顺便说一下，参与水循环的水不足地球上总水量的百分之一，大部分的水一直存在于南北两极的冰盖以及海洋中。

重要的气候调节器

地球上的水体对气候非常重要。水能很好地吸收太阳辐射的热量，因此，可以说海洋是个巨大的蓄热器，而照射在陆地上的热量会很快地消散并回到大气中。这也就是为什么海洋上方的空气比陆地上方的空气更温暖。由于地球的自转且围绕着太阳旋转，会带动不同的暖气团进入运动状态。这是重要的气候调节器的基本特征——或者更确切地说，是地球上普遍存在的气候系统的基本要素。海洋中的巨大水流是其中的一部分，风和天气现象也是如此，例如伴随着亚洲国家（某种程度上也包括非洲和澳大利亚）雨季的季风，或者从非洲穿过地中海到欧洲的信风。

中欧的地理位置非常有利，得益于湾流的影响，气温通常比较温暖，而且因为雨量充沛，特别是阿尔卑斯山，所以有大量的淡水。但再往南一点，例如西班牙或意大利南部，气候就不一样了，比中欧热得多，雨量少得多，因此也更干燥，只有很少的淡水。而在地中海的另一边——非洲，许多国家的情况相当棘手，那里的天然淡水少得可怜。那里的人们为了获得清洁的饮用水，不得不在偏远的地方挖水井，且需要挖得很深才行。

气候变化与水的关系

近年来，我们越来越频繁地听到气候发生变化的消息。目前大多数研究人员认为，世界的气候整体上正在变暖。在地球的历史进程中，气候总是有变化的，例如长久的冰河时代，在那期间，天气要冷得多，冰川从山上延伸到地表很远的地方。

如果你喜欢夏天的时候在游泳池里嬉戏，吃冰激凌，你可能会认为全球变暖是一件好事。但不幸的是，世界范围内的气温变化通常会带来很大的问题。一个巨大的风险是海平面上升。发生这种情况有两个原因：一是水变暖后会膨胀上升；二是极地冰盖正在融化。如果海平面上升，哪怕只是一点点，对许多沿海地带和海滨城市来说都将是一场灾难。未来，那里的人们将不得不面对汹涌的洪水。

气候变暖也给山区带来了巨大的隐患。冰冻的土壤，即所说的永久冻土，将土壤集聚在一起。如果地面解冻，石头和泥土会被冲走，这可能会导致严重的泥石流，泥浆和落石将落入山谷。冰川也会融化。山地景观将变得荒凉一片，光秃秃的地形也无法再保留住雨水。这会导致很多国家和地区严重缺水。

目前全球变暖的原因主要归咎于人类。大约 150 年前，自工业化开始以来，我们需要越来越多的石油和煤炭能源。越来越多的发动机和机器在汽车、飞机等方面被投入使用，还有用煤发电的电厂。然而，石油和煤炭在燃烧时留下了各种气体，这些气体在大气中不断累积，就像温室的玻璃屋顶一样，从地球上辐射出来的热量被这层气体反射回地球。随之而来的，就是温度开始逐渐上升。

小测验

1. 发电机可以制造出什么?

   a. 冰激凌

   b. 电流

   c. 音乐

2. 在冰河时代，是什么塑造了我们现今所见的景观?

   a. 挖掘机

   b. 猛犸象

   c. 冰川

3. 水是在哪里被净化的?

   a. 在洗衣机中

   b. 在污水处理厂

   c. 在自来水厂

4. 我们平均每天需要使用多少升水?

   a. 160 升

   b. 16 升

   c. 1600 升

5. 请说出两种不属于废水的东西。

6. 莱茵河的起源在哪里?

   a. 在博登湖

   b. 在托马湖

   c. 在的的喀喀湖

7. **哪种鱼是不存在的?**

  a. 赤眼鳟

  b. 湖拟鲤

  c. 小红帽

8. **请说出两个在家中节约用水的方法。**

9. **什么是守车?**

  a. 船上的厨房

  b. 女妖

  c. 用豌豆做的菜肴

10. **莱茵河有多长?**

  a. 2600 多千米

  b. 1300 多千米

  c. 750 多千米

11. **请列举出三种生活在沼泽地的动物。**

12. **莱茵河在哪个城市附近流入大海?**

  a. 卢加诺

  b. 巴塞尔

  c. 鹿特丹

参考答案

1.b；2.c；3.b；4.a；5.见第67页；6.b；7.c；

8.见第37页；9.a；10.b；11.见第54页；12.c。